SPACE STATION
ACADEMY

太空学院
穿越小行星带

[英]萨利·斯普林特 著

[英]马克·罗孚绘 罗乔音 译

中信出版集团 | 北京

图书在版编目（CIP）数据

穿越小行星带 / （英）萨利·斯普林特著；罗乔音译；（英）马克·罗孚绘. — 北京：中信出版社，2025.1. — （太空学院）. — ISBN 978-7-5217-7219-7

Ⅰ. P185.7-49

中国国家版本馆 CIP 数据核字第 2024D5M580 号

Space Station Academy: Destination Asteroid Belt

First published in Great Britain in 2023 by Wayland

© Hodder and Stoughton Limited, 2023

Editor: Paul Rockett

Design and illustration: Mark Ruffle

Simplified Chinese translation copyright © 2025 by CITIC Press Corporation

ALL RIGHTS RESERVED

本书仅限中国大陆地区发行销售

穿越小行星带

（太空学院）

著　者：[英] 萨利·斯普林特

绘　者：[英] 马克·罗孚

译　者：罗乔音

出版发行：中信出版集团股份有限公司

　　　　　（北京市朝阳区东三环北路 27 号嘉铭中心　邮编　100020）

承 印 者：北京瑞禾彩色印刷有限公司

开　本：787mm×1092mm　1/16　　印　张：24　　字　数：960 千字

版　次：2025 年 1 月第 1 版　　印　次：2025 年 1 月第 1 次印刷

京权图字：01-2024-3958

书　号：ISBN 978-7-5217-7219-7

定　价：148.00 元（全 12 册）

图书策划　巨眼

策划编辑　陈瑜

责任编辑　王琳

营　　销　中信童书营销中心

装帧设计　李然

目录

本书人物

波特博士

莎拉

麦克

星

莫莫

乐迪

目的地:
小行星带

欢迎大家来到神奇的星际学校——太空学院！在这里，我们将带大家一起遨游太空。快登上空间站飞船，和我一起学习太阳系的知识吧！

呜呜呜！你们就在后面吃灰吧！

今天，同学们要学习关于小行星带的知识。不过首先，他们得陪莫莫玩一场电子游戏——太空汽车竞速赛！

啊！我又撞车了！我不玩这个破游戏啦！

我刚刚差点儿就超过莫莫啦！

你才没有呢，麦克。我们都赢不了莫莫！

我们该去上课了吧。今天我们要在小行星带上课啦。

大家早上好啊！莫莫呢？

早上好，波特博士！

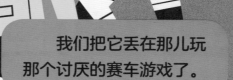

我们把它丢在那儿玩那个讨厌的赛车游戏了。

4

今天我们来参观小行星带。

波特博士，什么是小行星带？

小行星带是在火星和木星之间飘浮的一个巨大的岩石环，每块岩石都是一颗小行星。小行星有各种各样的形状，有大的，也有小的。不过，大的也没有行星大，小的可能和鹅卵石一样小。

小行星带绕太阳旋转吗？

没错，这些小行星都绕着太阳旋转，每颗旋转的速度不同。它们绕太阳转一周大概要 3 至 6 年。

那小行星带里有多少颗小行星呢？

我们还不知道具体的数量，因为有的小行星太小了，我们很难看到。科学家估计，小行星带中可能有 190 万颗直径 1 千米以上的小行星，还有数百万颗更小的。

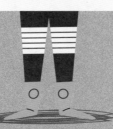

我想自己数数看，这样我们就知道数量了！

由于引力，星子周围聚集起大量岩石和尘埃，形成了原行星，也就是早期的行星。原行星又慢慢变大，最终形成了我们今天看到的巨大的行星。

没有结合在一起形成行星的碎片则飘散在太空中，形成了小行星带。

因为太阳的引力和木星的引力往两个相反的方向拉，就像拔河一样，小行星带才维持在今天这个位置。

小行星带是很有意义的。因为科学家可以从这里研究太阳系的历史，以及构成太阳系的物质。

同学们准备去参观小行星带，莫莫留下来收拾飞船。

你打完游戏啦，莫莫？

嗯，该结束了。飞船里太乱了，确实需要收拾一下，不过我还想再玩五分钟……

哦，莫莫，你来了！

别打游戏啦！等我们回来再玩吧！

我们出发吧！

太阳系中的小行星带位于四颗带内行星和四颗带外行星之间。

四颗带内行星都是类地行星，位于小行星带以内，也就是水星、金星、地球、火星。

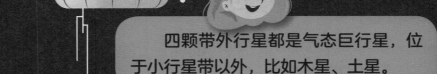

四颗带外行星都是气态巨行星，位于小行星带以外，比如木星、土星。

还有两颗冰巨星，天王星和海王星。

说得很对，聪明的小朋友们！

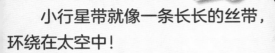

小行星带就像一条长长的丝带，环绕在太空中！

我觉得它像一个巨大的飞盘！

在小行星带之外，太阳系中也有其他的小行星哟！

有些小行星与太阳系某个行星共用公转轨道，它们叫作"特罗伊族小行星"。特罗伊族小行星有些在行星的前面，有些则跟在行星后面。木星轨道上的特罗伊族小行星最多，海王星、火星和地球的轨道上也有。

有些小行星的运行轨道会和其他行星的轨道交叉。比如，"越地小行星"运行时就会穿过地球的轨道。

小行星的形状大多不规则，它们的表面往往山峦起伏、坑坑洼洼。

那最大的小行星有多大呢？

太阳系最大的小行星灶神星是第 4 颗被发现的小行星，它的直径有 525 千米。还有第 2 颗被发现的小行星智神星，直径 490 千米。

灶神星
（小行星 4）

第 10 颗被发现的小行星健神星也很大，直径 444 千米；还有小行星 704，直径 330 千米。

智神星
（小行星 2）

其实，小行星带中最大的天体是谷神星。人们本来也把它划在小行星之列，不过到 2006 年，科学家重新定义了它，它从此升级成矮行星。

谷神星

为什么这些小行星都有编号呢？

人们会按照发现的顺序给它们编号。第一个发现某颗小行星的人可以亲自给它命名哟！

健神星
（小行星 10）

小行星 704

有些小行星的名字可是有趣得很！比如小行星 88705 叫"马铃薯"，以食物为名，小行星 9007 叫"詹姆斯·庞德"，以英国小说里的人物命名，小行星 2309 叫"史巴克"，是发现者的猫的名字，小行星 8889 叫"假海龟"，以小说《爱丽丝梦游仙境》里的人物命名。

如果我发现了一颗小行星，我要叫它"勇敢无畏的波特"！

我发现的小行星要叫"不可思议的莫莫"！

哈哈哈，不错不错！接下来我们降落在某颗小行星上怎么样？

瞧，这颗壮丽的小行星叫作女凯龙星。它的独特之处是它有星环，就像土星、木星、天王星和海王星一样。

它的表面坑坑洼洼的！

好神奇啊！所以，小行星不仅仅是飘浮在太空中的岩石，它们和行星也有相似的地方。

有的小行星像行星一样，也有星环、陨石坑和卫星。来，大家抬头看看！

艾达
（小行星 243）

艾卫

左边是艾达（小行星 243），以及环绕它的小小卫星艾卫。艾卫的直径只有 1 600 米。

艾达看着像一个疙疙瘩瘩的土豆！

我可以数数林神星有多少颗卫星吗？

波特博士，那里飘着一块狗狗爱吃的骨头！那是什么？

艳卫一

艳后星
（小行星 216）

艳卫二

那是艳后星（小行星 216），它确实像块骨头。艳后星有两颗卫星：艳卫一和艳卫二。

在小行星 2014 RC 上。

我们现在在小行星 2014 RC 上！它大概有 22 米长。大家觉得怎么样？

它转得好快！

啊啊啊！我头好晕！

哇，真好玩！

这颗小行星每 16 秒就能自转一圈哟！

搞得我晕乎乎的！

那个是什么？

那是一颗很小的小行星！它朝这边飞过来了！

大家快躲开！

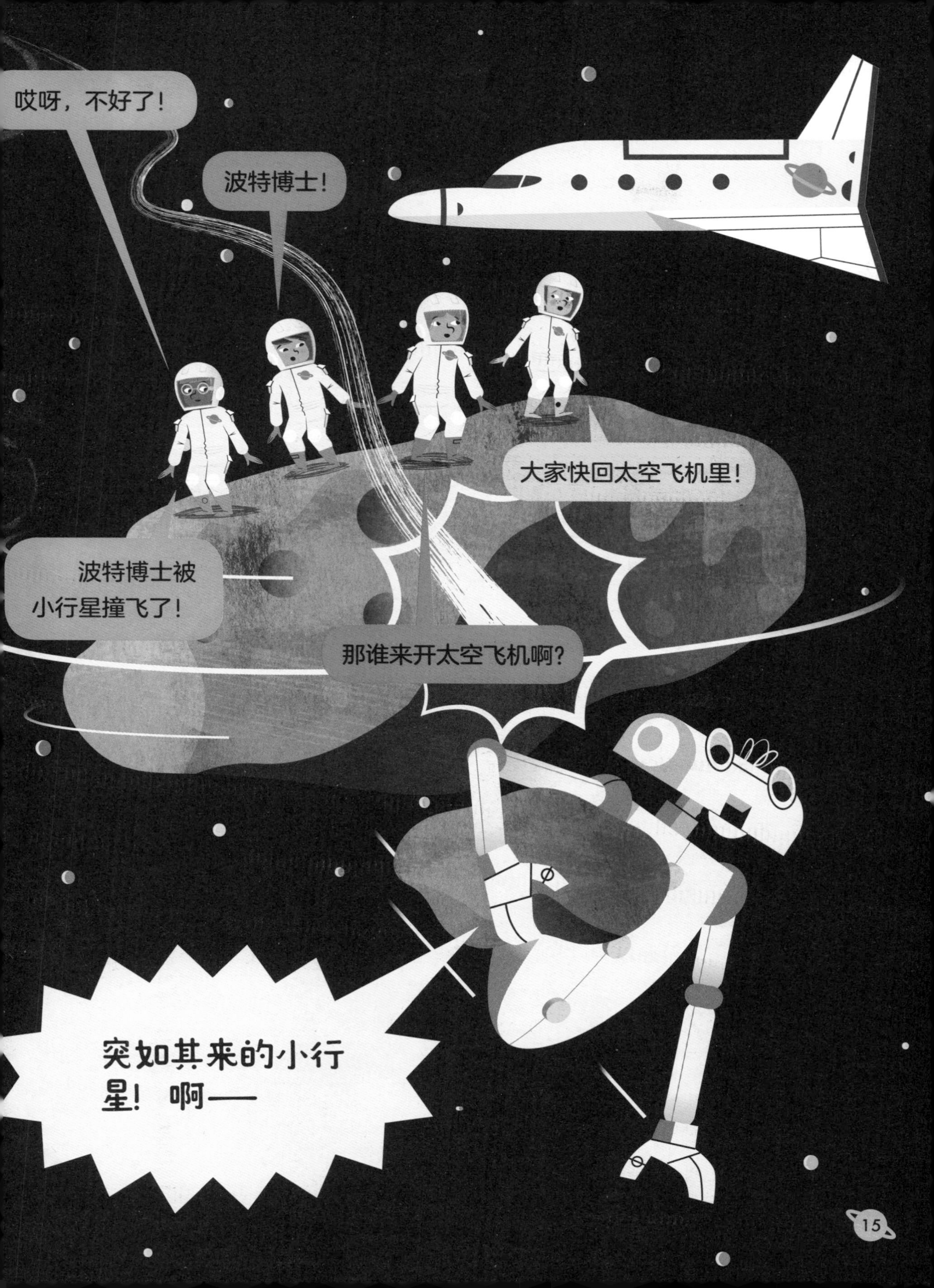
哎呀，不好了！
波特博士！
大家快回太空飞机里！
波特博士被
小行星撞飞了！
那谁来开太空飞机啊？
突如其来的小行
星！啊——

回到机舱，同学们轮流尝试开太空飞机。

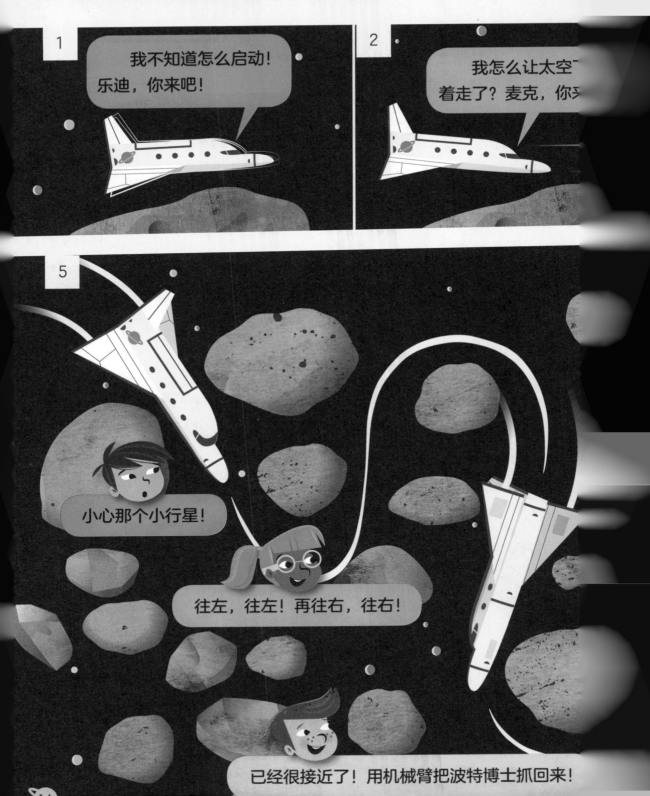

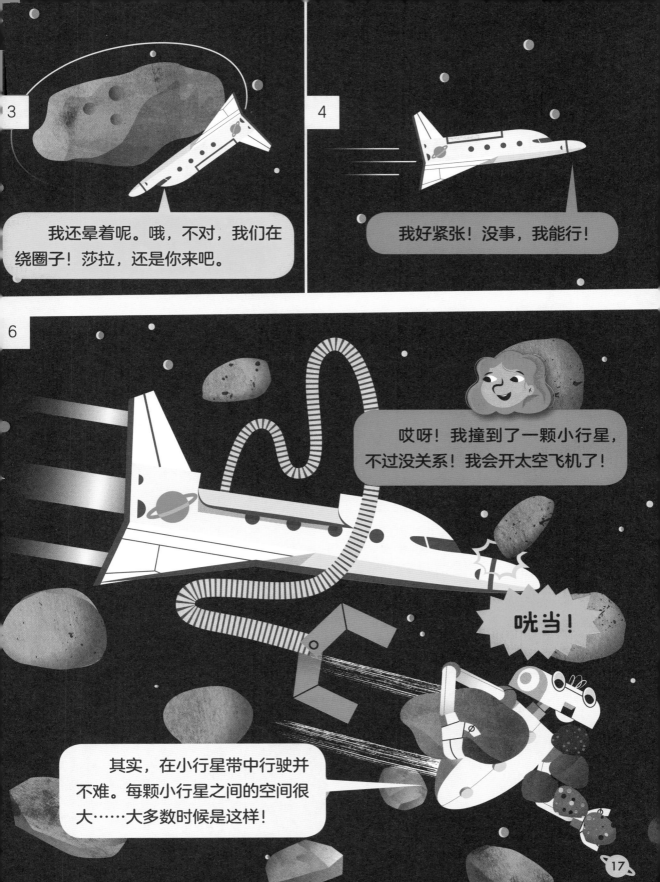

波特博士安全地回到了太空飞机上。

看！那个调皮的小行星嗖地飞过去了！

你的驾驶技术相当专业啊，莎拉！

没错，谢谢你救了我。乐迪，刚刚在外面时，我给你收集了一些迷你小行星，它们共有三种类型。

C型小行星
这些小行星由黏土、硅酸盐岩石和水构成，不含金属。它们十分古老，颜色暗暗的。
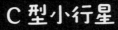
在所有的小行星中，75%都是C型的。

S型小行星

这些小行星由镍、铁、硅酸盐岩石构成，里面几乎不含水。它们大约占小行星总数的17%。

M型小行星

这些小行星是由金属构成的，主要成分是铁、镍，有的里面还含有稀有金属，比如铂。在所有小行星中，大约有8%是M型。

这可是小行星啊！

你数小行星数得怎么样了，星？

我数到 78 796……不过，刚刚救你的时候，我一下子忘了数到哪儿了。

波特博士，波特博士！出事了！

波特博士！刚刚莎拉撞到的那颗小行星被撞出了轨道，正朝这边飞过来！

别担心，不会有事的。

有时候有行星或者彗星经过，小行星附近的引力就会改变，导致小行星脱离原本的轨道。

我的石头收藏里有小行星啦！

那颗小行星没有朝着地球飞去，而是正向太空学院和莫莫袭来！

它有一米多宽，速度很快……

什么，星？你没看错吧

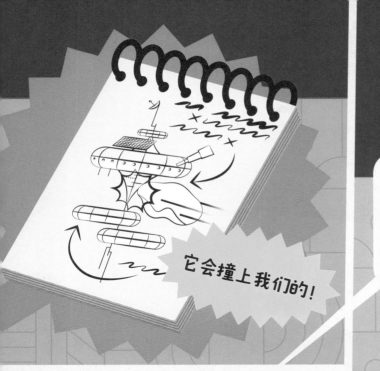

莎拉开着太空飞机嗖地掠过小行星……

然后撞上了太空学院的顶部。小行星
乎啸而过，消失在太空中。

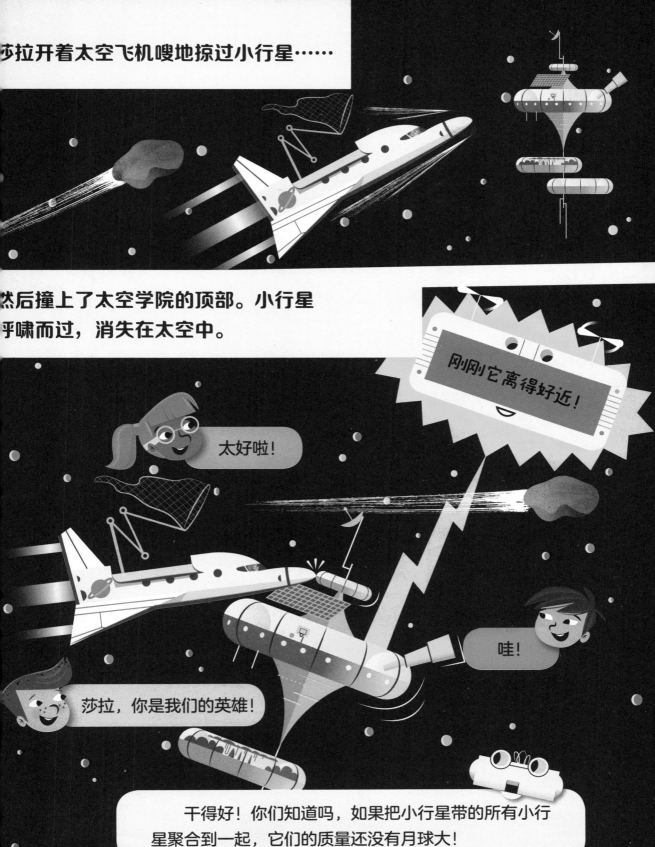

刚刚它离得好近！

太好啦！

莎拉，你是我们的英雄！

哇！

干得好！你们知道吗，如果把小行星带的所有小行
星聚合到一起，它们的质量还没有月球大！

大家安全地回到了太空学院。

莫莫，你玩游戏玩了多久了？你的眼睛都成金鱼眼啦。

我们一起收拾一下太空飞机，然后玩别的游戏吧。

分数	
莫莫	102650
莎拉	0
麦克	0
乐迪	0
星	0

刚刚小行星探测器响了，我就没再玩了。不过，我确实有点儿头晕眼花了！

你本来可以帮我们躲开小行星的袭击的。

今天开完车又开太空飞机，我可真是有点儿累啦！

过了一会儿，同学们开始玩另一个游戏。

太空学院的课外活动

太空学院的同学们参观了小行星带之后，产生了很多新奇的想法，想要探索更多事物。你愿意加入他们吗？

波特博士的实验

你想做一颗能吃的小行星吗？快叫大人一起来帮忙吧。

材料

- 225 克低筋面粉
- 75 克细砂糖
- 1 勺泡打粉
- 125 克无盐黄油（切成小块）
- 150 克水果干或巧克力豆
- 1 个鸡蛋
- 1 勺牛奶
- 1 勺香草精
- 烤盘和烘焙纸

方法

把面粉和泡打粉混合，放在一个碗里。

把黄油放进面粉和泡打粉中，用手将它们混合，直到它们看起来像面包糠的样子。然后加入细砂糖。再加入水果干或巧克力豆，轻轻搅拌。

在另一个碗里把香草精和鸡蛋一起打散，然后倒入面粉与黄油中，混合均匀。

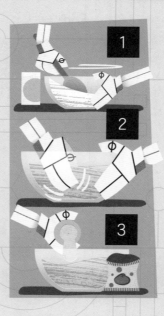

倒入少量牛奶，直到混合物变得黏稠。

用勺子把面糊舀在烤盘上，使它呈现不同的形状。设定 170 摄氏度烘烤 15~20 分钟，等到蛋糕变成金黄色，就可以出炉了。等你的小行星蛋糕放凉，就可以品尝了！

观察与思考

制作过程中，蛋糕有什么变化？
小行星蛋糕的大小会影响烘烤时间吗？
还有什么方法能让蛋糕更美味？

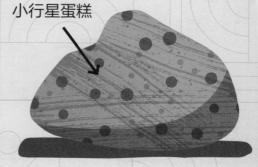

小行星蛋糕

禾迪了解的小行星带小知识

未来，人类可能会在小行星带开采珍贵的矿物质和金属，然后用它们来建设地球。

麦克了解的小行星带小知识

我发现这些小行星的名字听起来有点儿像太空学院的同学们的名字呢。

你能找到一颗名字和你差不多的小行星吗？

请你想一想，怎么看出哪些小行星是先发现的？

小行星 8589，叫斯黛拉瑞斯
小行星 4145，叫麦克西莫娃
小行星 8216，叫梅洛什
小行星 4730，叫周兴明星
小行星 30439，叫莫奥
小行星 29361，叫波特切利

星的小行星带数学题

把 3 颗小行星连起来，使它们的数字加起来等于 100。如果让 3 颗相加等于 235 呢？等于 300 呢？这时剩下的小行星的数字加起来等于多少？

莎拉的小行星带图片展览

参观小行星带实在太有意思啦!

这幅图片是小行星带和带内行星绕着太阳旋转的场景。画面右下角最显眼的是谷神星,它是一颗矮行星。

这是灶神星,太阳系中最大的小行星。数数看,它上面有多少陨石坑?

莫莫的调研项目

请你找一找关于小行星的航天探测任务有哪些。

有多少航天器探测过小行星?
它们分别探测了哪一颗?
未来还有什么探测计划和任务?
你想参观小行星吗?为什么?

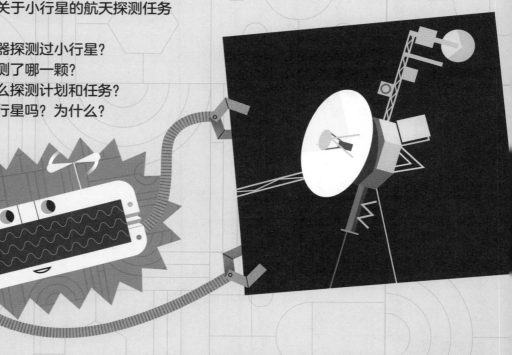

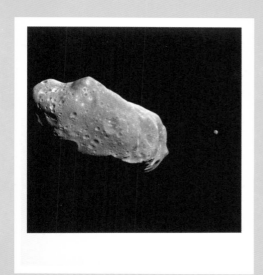

这张照片里的小行星是艾达和它的卫星艾卫。第一次看到这张图片时，科学家们才意识到小行星也可能有自己的卫星。

这是在撒哈拉沙漠发现的一颗陨石。它曾经也是太空中的小行星呢。

数学题答案

10+73+17=100

42+112+81=235

58+202+40=300

剩下的小行星上的数字加起来是 66。

词语表

硅酸盐岩石：包含硅和氧的矿物质岩石。

轨道：本书中指天体运行的轨道，即绕恒星或行星旋转的轨迹。

彗星：当靠近太阳时能够较长时间大量挥发气体和尘埃的一种小天体。

太阳系：由太阳以及一系列绕太阳转的天体构成。

卫星：围绕行星运转的天然天体。

小行星：沿椭圆轨道绕太阳运行的一种小天体。

引力：将一个物体拉向另一个物体的力。

原行星：行星的前身，可以吸引更多的尘埃和岩石形成一颗真正的行星。

陨石：落在行星、卫星等表面的、来自太空的固体物质。

陨石坑：天体（比如月球）表面由小天体撞击而产生的巨大的、碗状的坑。

直径：通过圆心或球心且两端都在圆周或球面上的线段。